这是一本与众不同的自然观察游戏书。
不管你住在城市还是乡村，看完这本书，你都可以学会建造一个小菜园，你只需要一些指导、泥土、水、劳动和耐心。
不用多久，你就能吃到你在自己家里亲手种出的蔬菜啦！
看着小小的种子一点一点长成胡萝卜，多让人高兴啊！邀请朋友们来吃你亲手种的草莓，是不是很自豪呢？
你知道吗，超市里的有些蔬菜已没有蔬菜该有的味道了？相比之下，你在自己的小菜园里种出的蔬菜要好吃多了，而且没有使用任何农药。

我的自然观察游戏书

生活篇·小菜园

[法] 菲利普·戈达尔 [法] 玛丽-克里斯汀·雅克●著
[法] 伊莎贝尔·辛姆莱尔●绘
李璐凝●译

小菜园里能种什么？

小菜园里种的都是能吃的植物，其中包括：

- **蔬菜**。例如土豆、樱桃萝卜、四季豆、胡萝卜、生菜、洋葱或南瓜，总之，各种各样的蔬菜……

- **用来调味的芳香植物**。例如香芹、罗勒、小葱、百里香……

- **小个头的水果**。例如草莓、黑加仑、醋栗、覆盆子……

请给这个菜园子涂上颜色吧。

蔬菜小解剖

与所有的植物一样，蔬菜也由根、茎、叶、花和种子组成。

- **根**长在地下，是我们肉眼看不到的，它们为蔬菜汲取土壤中的水分和营养。
- **茎**好比是植物的骨骼。
- **叶子**吸收太阳能，为蔬菜提供养分。
- **花朵**用来结种子。
- **种子**又会长成小小的植物……

下面这些植物的哪些部分是埋在土壤里的呢？请圈出它们吧。

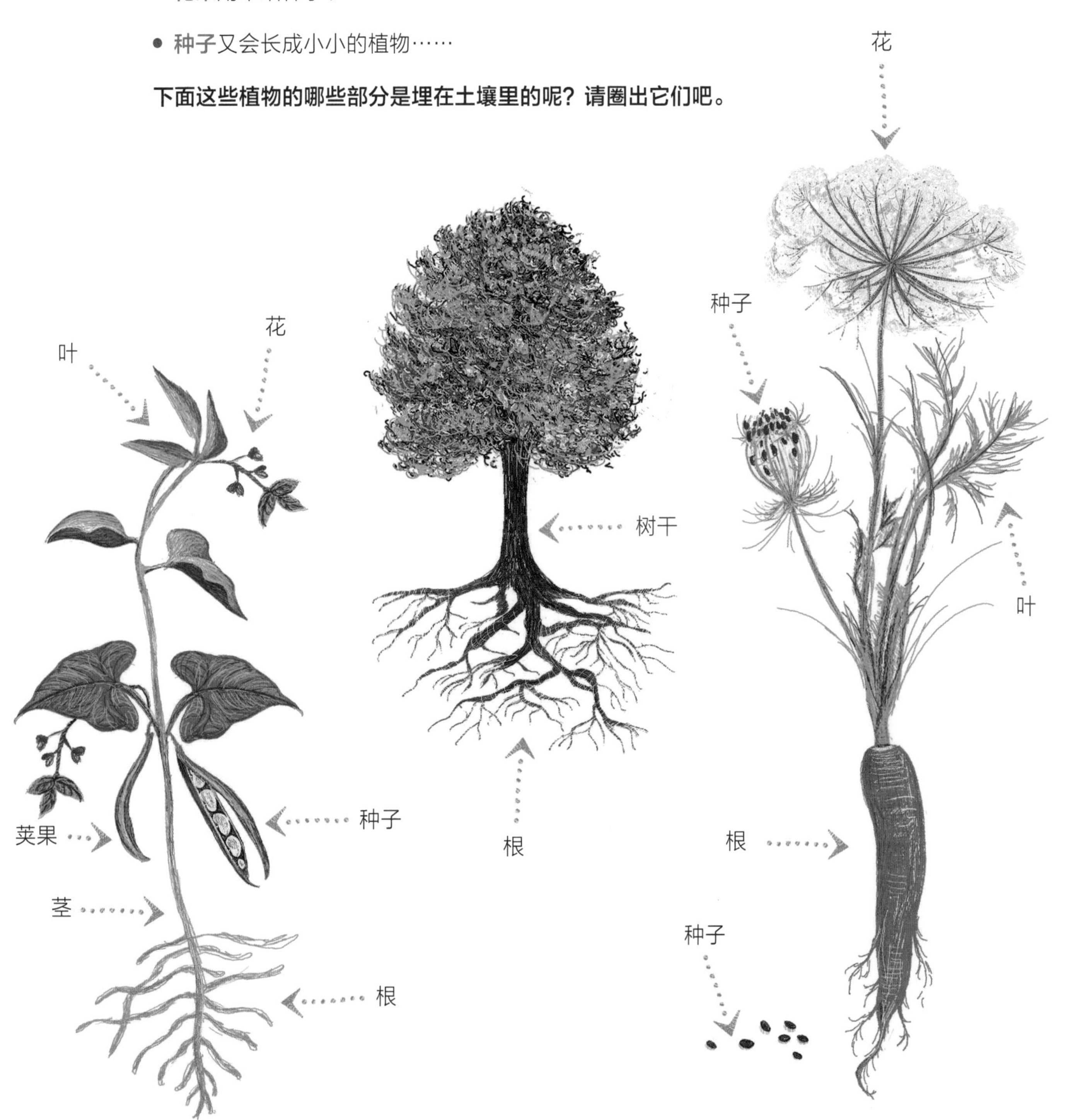

蔬菜的哪些部位可以吃？

大多数时候，我们只吃蔬菜的某一部分，而不同的蔬菜可食用的部位也不同，比如，我们通常只吃胡萝卜的根、生菜的叶子……

请给下面食物蔬菜的可食用部位涂上颜色。

番茄是一种茄果类蔬菜，我们吃的是它开花后结出的果实。番茄的果实内包裹着种子，把一个番茄切成两半，你就能看到种子啦。

生菜是一种叶菜类蔬菜。

四季豆和豌豆是荚果类蔬菜，我们吃的是它们的种子。

答案：胡萝卜：根和叶；莙荙菜：茎和叶；生菜：叶；洋蓟：花；番茄：果实；四季豆：荚果和种子；花椰菜：花；南瓜：果实。

何时播种？何时收割？

春天光照充足，土壤回温，所以我们选择在春天播种蔬菜。

请剪下第 35 页的蔬菜播种和收获图签，并贴在相应的格子里。数数看，这些蔬菜种下之后，分别要等几个月才能收获。用铅笔在右边的横线上记下来吧。

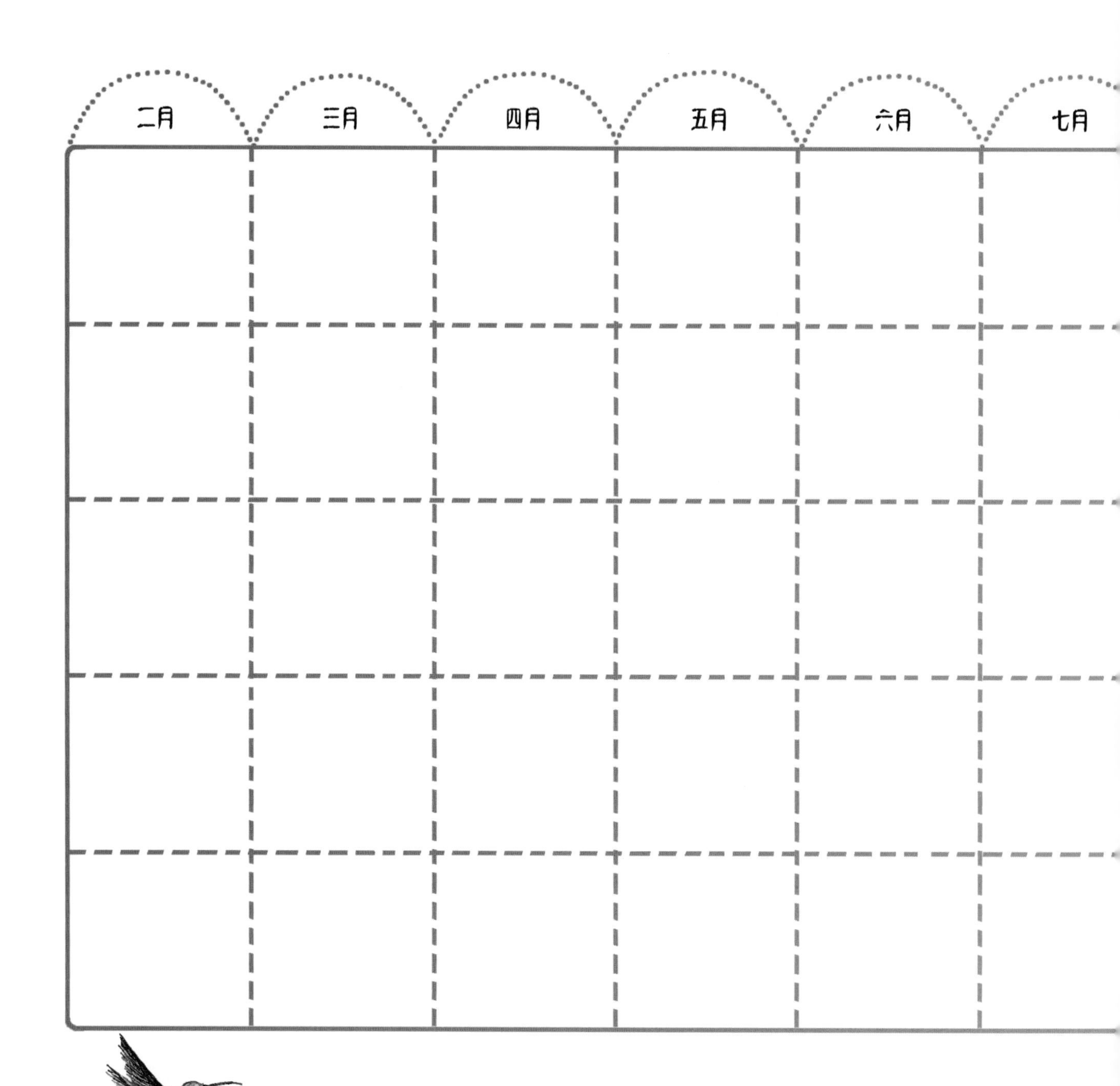

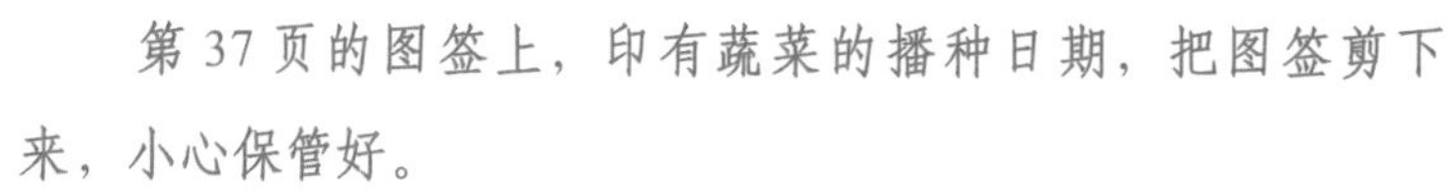

第 37 页的图签上，印有蔬菜的播种日期，把图签剪下来，小心保管好。

交换种子

在法国的城市里有“种子库”。就像图书馆是藏书的地方一样，种子库是存放种子的地方，你可以从那里获得免费的种子。而且，如果个人种的植物结了种子，也可以把种子送到种子库补充他们的库存，以便分发给其他有需要的人。

八月	九月	十月	十一月

蔬菜成熟需要几个月？

观察你的第一次播种

你知道该在什么时候播种吗？是春天。

为了更好地理解植物的生长过程，请你去找 10 粒四季豆种子和 10 粒樱桃萝卜种子。

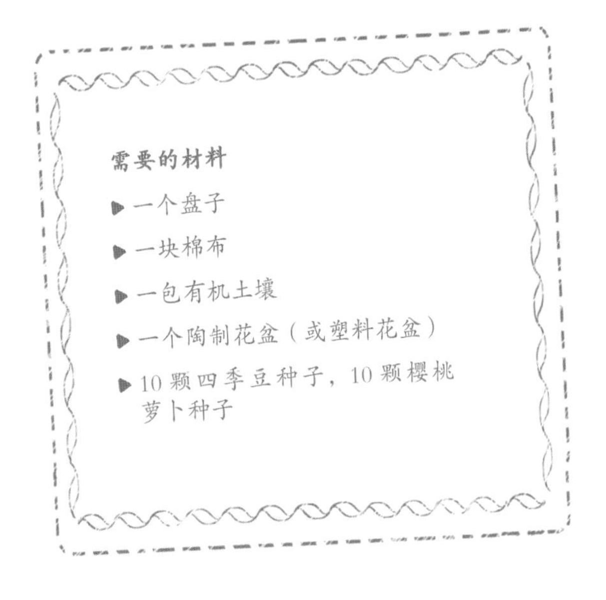

需要的材料

- 一个盘子
- 一块棉布
- 一包有机土壤
- 一个陶制花盆（或塑料花盆）
- 10 颗四季豆种子，10 颗樱桃萝卜种子

1. 分别取 5 颗四季豆和樱桃萝卜的种子，放在一块湿润的棉布上。
2. 每天给种子浇一点点水。
3. 把有机土装入花盆，然后把剩下的 10 颗种子埋进土里。
4. 用手指把樱桃萝卜的种子按入 1 厘米深的土里，把四季豆的种子按入 2~3 厘米深的土里。
5. 仔细观察接下来会发生什么。棉布上的种子会发芽，不过由于没有土它们活不了多长时间。埋在花盆里的种子一开始毫无动静，直到某一天它们的第一片叶子破土而出。如果有足够的养料和水分，这些菜苗就会继续生长，最后还会长出樱桃萝卜和四季豆。

子叶

子叶是樱桃萝卜和四季豆最初长出的两片叶子，它们和后来长出的叶子不一样。子叶里储存有养料，当植物的根系还不够发达，不能为植物运送养料时，它们可以为植物的生长提供养料。

实践永续农耕！

“永续农耕”是“可持续”的耕种过程，一个小菜园如果始终从它周边的环境中获取维持自身发展所需要的一切，那它就实现了“永续农耕”。这样的小菜园用雨水灌溉蔬菜；蔬菜类厨余，比如烂菜叶，或者被拔除的稻田杂草，都可以成为肥料。小菜园里的蔬菜自在生长，直至它们结出果实。

“永续农耕”还意味着拒绝使用一切工业产品——这些产品往往价格昂贵，而且是从别处运过来的。“永续农耕”还需要有创意，尽你所能找到更好的解决问题的方法……

请给下面这个“永续农耕”的小菜园涂上颜色吧。

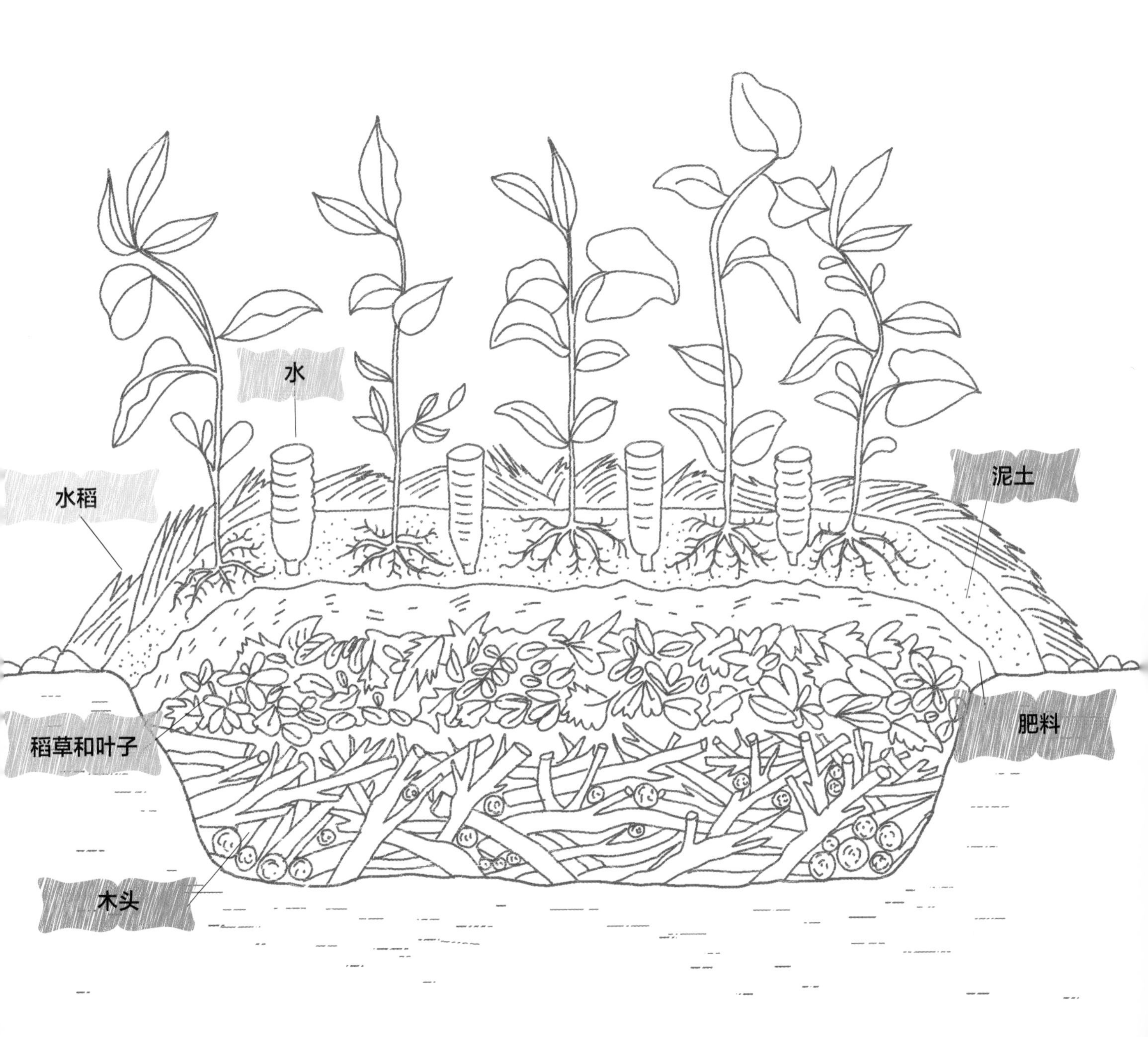

建造小小菜园子

你家里如果有阳台，那么没有什么地方比它更适宜建造你的小菜园了。要是没有阳台，一个放置在窗外、能接受充足光照的花盆也是相当不错的选择！因为植物的生长需要阳光、热量和水。注意，花盆不要太高，也不要太重，这样既方便搬动，又不会影响开窗。

你也可以把你的蔬菜种植在小区的公共绿地里，但要事先征得社区管理人员的同意。如果你想把蔬菜种植在街边，也得事先征得城市绿化管理部门的同意。

请剪下第 37 页的圆形贴纸，贴在下面的小菜园里吧。

自耕自种小菜园

“自耕自种小菜园”的理念最早是由英国人提出来的，后来几乎在法国各地都得到了实践。在法国，有许多业余园丁在公共区域（街道旁、水槽里、树下等）栽种蔬菜、花卉、芳香植物和浆果，他们组织成立社团，“不可思议的食物”社团便是其中之一。这个社团奉行两个宗旨：一方面，要让我们的城市对食物的营养水平越来越有自主权；另一方面，要让人们能吃到亲手种植的优质食物！去打听一下你周围是否有这样的社团。如果有，就跟他们一起在城市里当个园丁吧！

板条箱小菜园

阳台的好处是，你可以在上面安放一个板条箱，用它种菜比用花盆收成多。

做个板条箱小菜园

材料

- 一个板条箱（旧箱子就行）
- 一个垃圾袋
- 一块纸板
- 一袋有机土壤
- 一些种子

1 如果你打算种胡萝卜、土豆和西葫芦，就得准备一个长 50 厘米、宽 30 厘米、高 26 厘米的板条箱。如果想种生菜、四季豆或樱桃萝卜，用矮一点的板条箱就可以了。

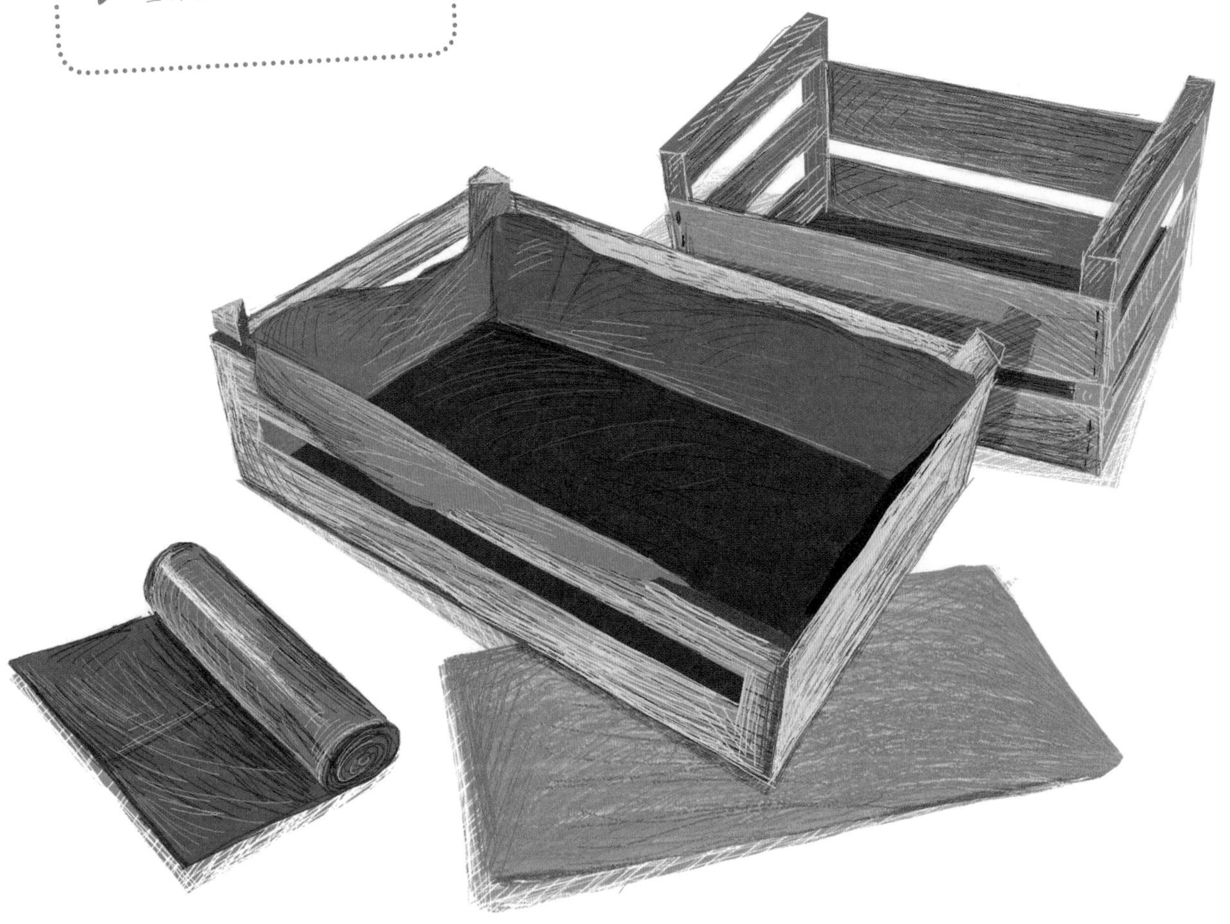

2 把垃圾袋衬在板条箱内（防止浇水时土壤流失）。

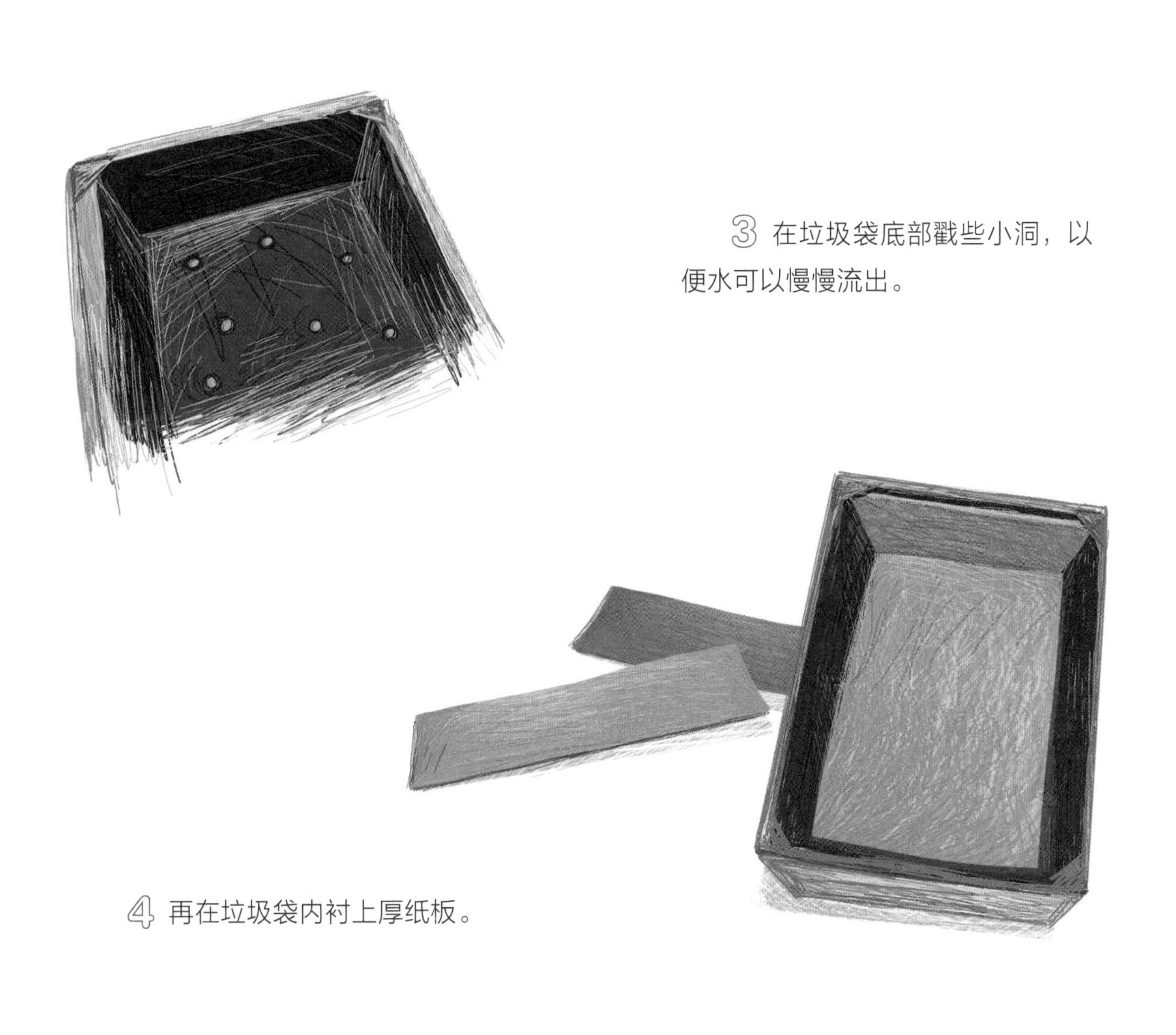

3 在垃圾袋底部戳些小洞，以便水可以慢慢流出。

4 再在垃圾袋内衬上厚纸板。

5 把一袋通用有机土倒进板条箱内，不用填满，上边留出 3 厘米的空儿。好了，现在可以种东西啦！

麻袋小菜园

用麻袋也能种菜？当然可以！请爸爸妈妈帮你买一个麻袋：网店、园艺店、DIY 商店……很多地方都有卖，有的麻袋还是彩色的，很好看。

麻袋的顶部，可以种土豆、西葫芦，甚至四季豆；在麻袋两边的凹口里，可以种洋葱或草莓。这样一来，你就拥有了一个阶梯式的小菜园，非常好看，采摘也很方便。

造个麻袋小菜园

1 把有机土装进麻袋，大概到 40 厘米高就可以了。

2 然后，在麻袋两边剪出 3~4 个小口子。请确保土不会撒出来。

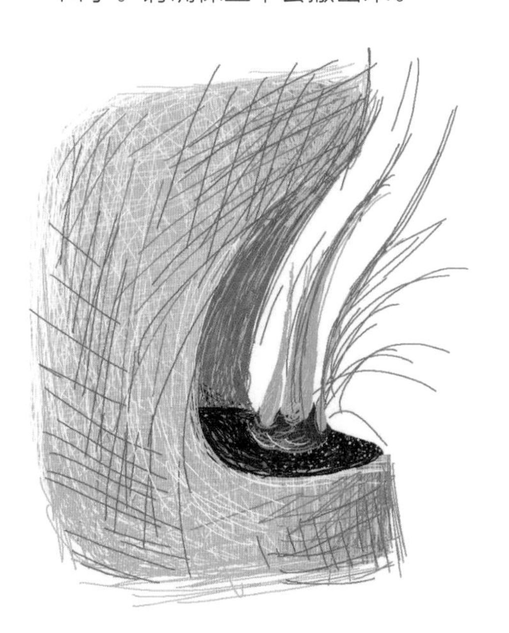

3 将开口处上方稍微向内推挤，露出开口处下方的土就能种点东西了，比如按照第 25 页的步骤种些草莓。当植物开始发芽生长时，你的麻袋就会变成一个阶梯式小菜园了！

材料

- 一个麻袋
- 一袋有机土壤
- 一块油布
- 一个大订书机
- 一些种子
- 一些用来种在麻袋两边凹口内的草莓秧苗或者洋葱

4 用一块旧油布，和一个订书机做一个盛水的托盘，做好后垫在麻袋下面。

方形小菜园

如果你拥有一个花园，那么建造一个方形小菜园就很容易了。你只需用木板围出一小块地，再在里面填上土就行了。你可以从这个小菜园收获数量可观的蔬菜，因为菜园面积很小，你能把更多的精力放在除草和耕种上。此外，这种小菜园还有其他优点:

- 木板内的填土在春天阳光的照射下，可以更快回温。
- 雨量大时，水更容易排走，土壤里不会蓄留过多的水。
- 天气干旱时，很容易就能把小菜园遮盖起来（用杂草或稻草等），这样可防止蔬菜被晒蔫。

做个方形小菜园

1 试着找些可回收再利用的木板（去问问爸爸妈妈、爷爷奶奶、朋友、邻居……），在大人的帮助下把木板锯成合适的尺寸。

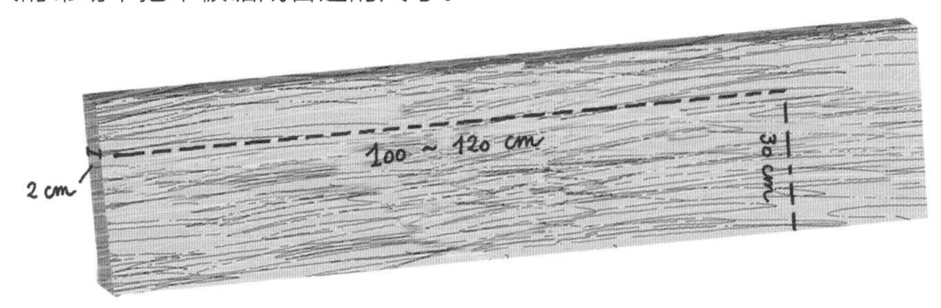

2 如图所示，把大约 40~50 厘米长的木桩插进土里，固定好木板，每一根木桩都要钉深、钉牢。

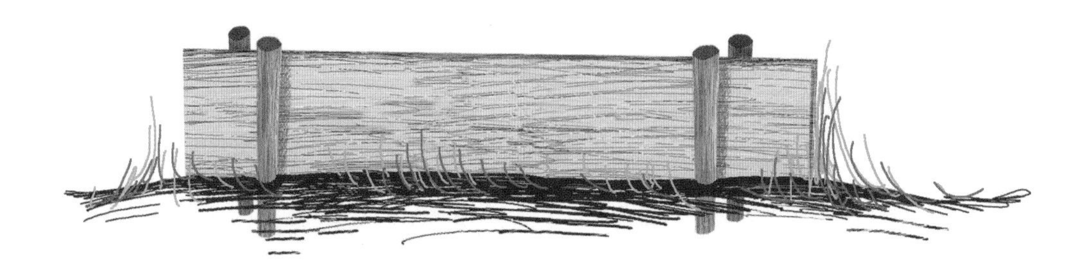

3 然后，往木板围起来的这块地内填土，附近的花园土就行，也可以混合一些有机土。

你也可以沿用“板条箱小菜园”的做法，只不过现在是把板条箱直接放在草地上。按照第 12、13 页的步骤操作，但不用在箱子里衬塑料袋了：用厚纸板固定土就够了。纸板会慢慢分解，蚯蚓还能从地里钻进板条箱给箱内的土松土通风。

露天菜园

如果生活在乡村，你也可以建造一个露天菜园，里面有小径，有各种形状的小块菜地（正方形的、长方形的、四季豆形状的或圆形的……）。

每块菜地不宜太大，宽度都不要超过 1.5 米。菜地之间要留出小径，这样你在菜园里走动的时候就不会踩到菜了（也避免了把土壤给踩实踩紧）。通常，小径的宽度要能让一辆小独轮车通过。

想想用什么材料来装饰你的菜地：石头、木棍儿、柳条……哪一种都行，可以依照你自己的喜好！

在这里规划一下你未来的菜园吧！

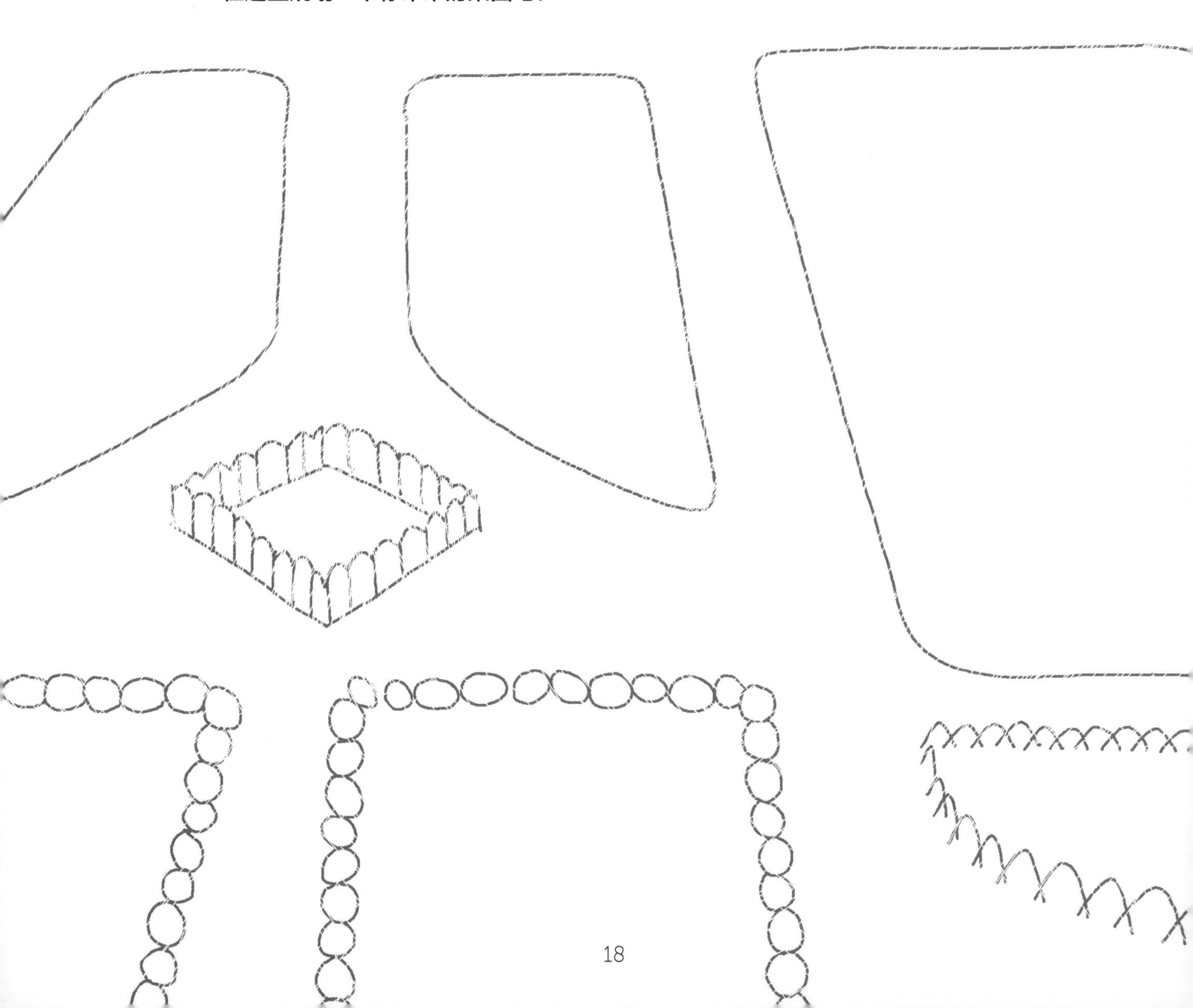

给土地施肥，让它更肥沃

土壤为植物提供养分，因此土壤必须“肥沃”，植物才能长得好。下面介绍两个制作堆肥的方法：普通堆肥法和蚯蚓堆肥法。

普通堆肥法

在制作堆肥之前，你得先去买个堆肥箱，或者请大人帮忙，自己做个堆肥箱。堆肥箱要直接装在土地上，千万不要装在水泥板上，这样才能方便蚯蚓和其他小动物钻进堆肥箱内觅食。大部分来自大自然的垃圾都能用来做堆肥，但肉、鱼和奶酪不行，因为它们可能会招来老鼠。要想做出优质的堆肥，至少需要三分之一的含碳材料（枯枝、落叶、废纸板……）以及三分之二的含氮材料（野草、蔬菜和水果吃剩的部分……）

请翻到第 35 页，把能做堆肥的东西贴在下面的堆肥箱上吧。把其他垃圾贴在旁边的可回收垃圾箱上。

答案：枯枝、落叶、水果和蔬菜皮、鸡蛋盒、鸡蛋壳、杂草、茶叶包和咖啡渣都能作为制作堆肥的原料。

蚯蚓堆肥法

即使是在室内，你也可以用“蚯蚓堆肥法”来提升板条箱或麻袋里土壤的肥力。蚯蚓被视为园丁的朋友，因为它们会吃掉土壤中的垃圾，并将它们转化为肥料。

先去买个蚯蚓堆肥箱，在使用之前要认真阅读使用说明书。至少要等三周时间，蚯蚓才开始转化厨余垃圾。

蚯蚓堆肥箱不应该散发难闻的气味！如果你闻到了不好的气味，可能是箱内太潮湿了，也可能是通风不好，这时在箱里加些厚纸板就行了。

每周取一次堆肥液，倒入浇水壶中稀释（1 玻璃杯堆肥液加 10 升水），然后用这种神奇的混合液体浇灌你的蔬菜。

请把可以喂蚯蚓的东西圈出来，在不能喂的东西上打个叉。

答案：咖啡渣、水果皮、吸水纸、鸡蛋盒、包装纸都能拿来制作堆肥。

园艺工具

找一找，请把图中的园艺工具和使用它们的人连起来吧。读一读这些工具的名称。

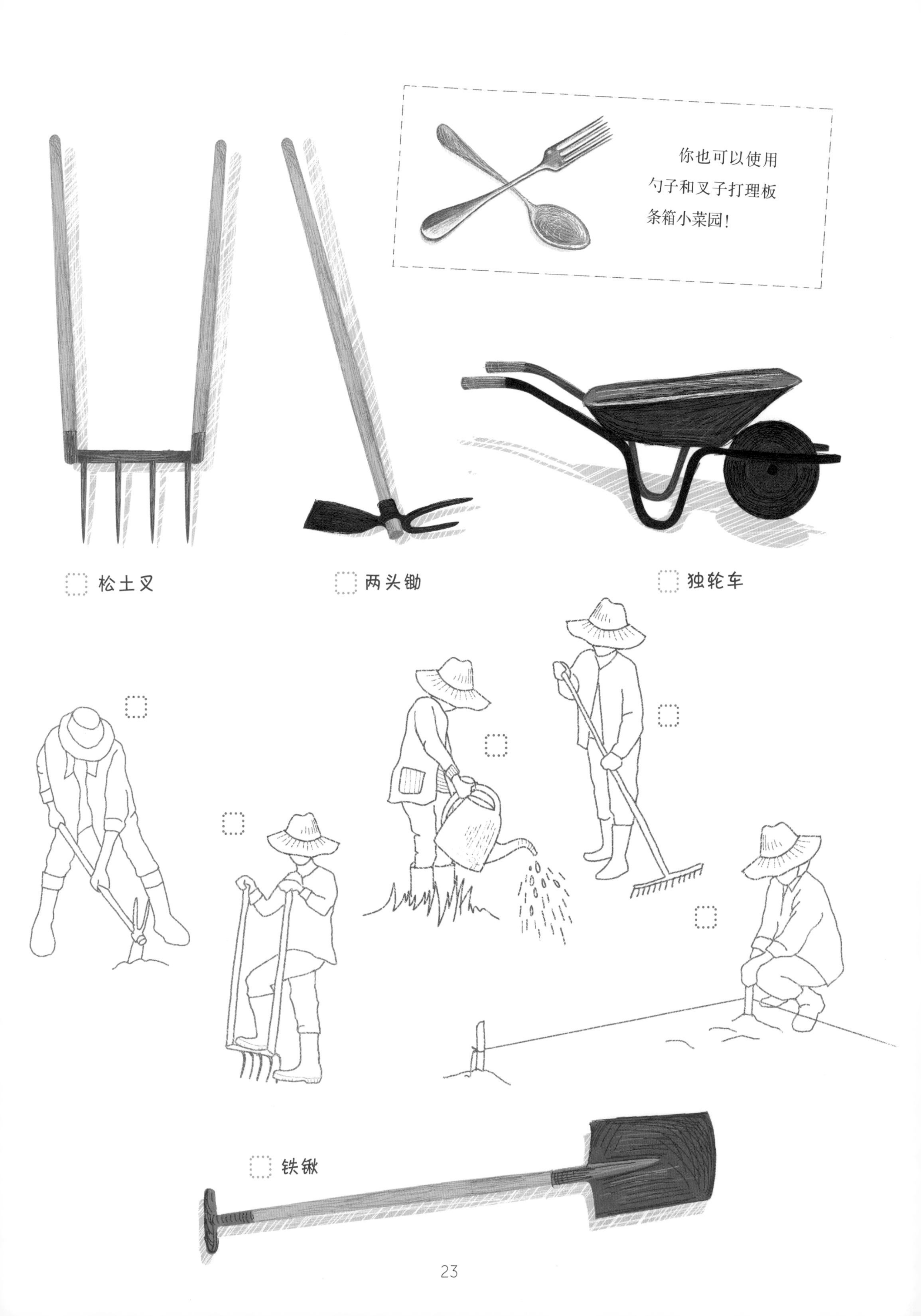
你也可以使用
勺子和叉子打理板
条箱小菜园!
松土叉
两头锄
独轮车
铁锹

种植间距要多宽？

我们总喜欢在地里撒播过多的种子。如果种子都发芽破土而出了，就需要间苗，也就是说要拔掉挤在一起的小不点儿，留下长得健壮的幼苗。栽种樱桃萝卜和四季豆时，特别要注意在种子跟种子之间留出足够宽的距离。

小贴士

樱桃萝卜的播种间距在3厘米左右，四季豆在5厘米左右。要是种南瓜，得保证2米的行距！

种草莓

春天，我们很容易就能买到草莓秧苗，有时候菜市场也有卖。栽种草莓秧苗一点儿也不难。动手之前，请认真阅读下面的配图说明。

1. 在土里挖一个 10 厘米深的洞。

2. 不要直接抓着草莓秧往外拔。先把花盆的盆土和秧苗一起倒扣在一只手上，然后用另一只手轻拍盆底，让土和盆分离，最后将秧苗和土一起取出。

3. 把草莓秧小心移栽到挖好的洞里。

4. 向洞内回填一些土，用手压实。

5. 浇水。

如果你更喜欢番茄，春天时你可以买点儿番茄秧苗，种在你的小菜园里。要注意保护好秧苗，别让它受冻，因为番茄喜欢温暖。如果你是用麻袋种蔬菜，要把番茄秧种在麻袋顶端，不要种在两边。

种好以后，一定要浇水，即使当时正在下雨也要浇水。

如果你已经建好了一个麻袋小菜园，你可以将草莓秧苗种在麻袋两边的凹口里。

锄地，还是浇水?

“锄地一遍，胜过浇水两遍”，这是一句法国谚语。锄地，指的是翻松农作物基部的土壤。锄地既能保持农作物根系周围的土壤湿度，又能去除杂草，还能帮助土壤通风透气。天气凉爽时，早上浇水；天气炎热时，晚上浇水，以便植物能够在夜间吸收更多的水分。如果天气特别干燥，你可以头天晚上浇水，第二天再松土。

请给下面的图画涂上颜色吧。

保护菜地的“被子”

所谓给土壤“盖被子”，就是用各种材料覆盖农作物基部的土壤。夏季天气炎热的时候这样做，可以保持土壤凉爽；秋天雨水过多的时候，能防止土壤流失。这种“被子”能阻碍杂草生长、保持土壤湿度、避免土壤被雨水冲走，以及为蚯蚓提供食物。此外，它还是许多昆虫和微生物的藏身之所。

找一找，下面哪些东西能拿来给菜地当“被子”？把它们圈出来吧。

答案：厚纸板、杂草、叶子、枯草。

几种神奇的植物

很多植物都具备特别的功能，了解这些功能对园丁照顾好他的菜园子非常有益。

木贼能提高植物的抵抗力，帮助它们抵抗真菌引起的病害。

大蒜能帮助植物抵抗多种病害，如真菌引起的白粉病和霜霉病；还能驱赶蚜虫、红蜘蛛（一种小蜘蛛）和跳甲（它们会在樱桃萝卜的叶子上咬出小洞）。

荨麻虽然会扎手，但它能让植物长得更快、更强壮。你可以利用荨麻，助力蔬菜生长。这里介绍一个简单有效的方法。

用荨麻液浇灌植物

- 摘取一枝荨麻（记得戴手套，以免扎到手）。
- 把荨麻放进装满水的浇水壶里，泡一整晚。
- 第二天，用泡过荨麻的水浇灌你的植物。

植物的动物朋友

有的动物以植物为食，有的动物会让植物染病。不过，还有许多小动物对植物有帮助。

把“植物的好朋友”和它们的食物连起来吧。

七星瓢虫

七星瓢虫的幼虫每天都要吃掉几十只蚜虫。如果你在蔬菜叶子上同时发现了蚜虫和七星瓢虫的幼虫，那就让瓢虫的幼虫来解决蚜虫吧！

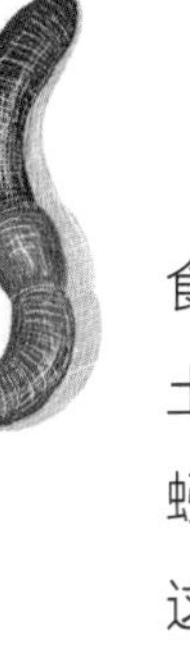

蚯蚓

蚯蚓是园丁最好的朋友，它吞食、消化枯萎的落叶，再把便便拉在土里——它的便便是很好的肥料。蚯蚓还能疏松土壤，为土壤通风透气，这可是园丁最重要的工作之一。

鼹鼠

当鼹鼠在地下挖地道的时候，它们会干扰播种，但它们也会吃掉啃咬胡萝卜的叩头虫幼虫，以及会咬断植物根的鳃角金龟幼虫。那该怎么办呢？如果你在花园里发现了鼹鼠，不要捕杀它，虽然它可能会给你带来一点儿小麻烦，却也能给你帮上大忙。

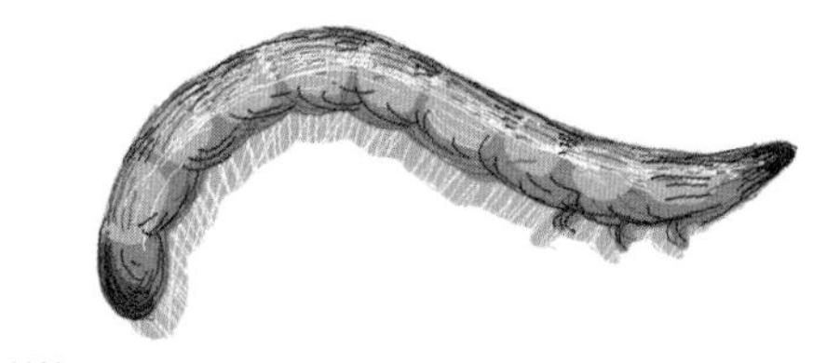

叩头虫幼虫

遭蚜虫侵害的叶子

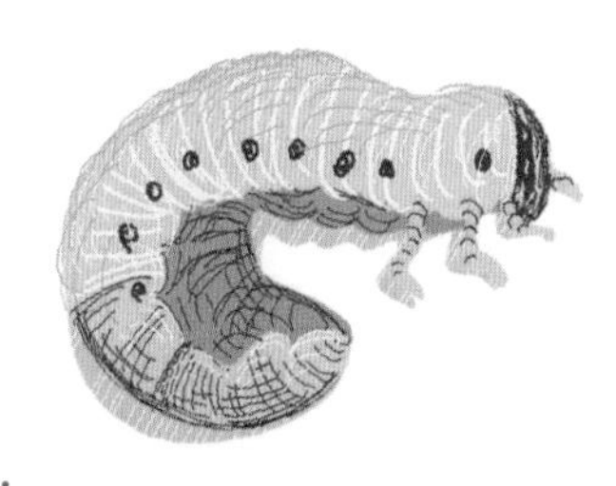

鳃角金龟幼虫

枯叶

蔬菜轮作

轮作是指在同一块土地上连续两年不种同一种蔬菜。比如上一年若种了“根菜类蔬菜”（参看第 4、5 页），那么下一年就种叶菜类或茄果类蔬菜。

请剪下第 39 页的蔬菜贴纸，贴在下面的小菜园规划图上，记住同一种贴纸不能在同一个地方出现两次。如果你做到了，那你的蔬菜轮作规划就成功啦。

为什么要轮作？

● 每一种蔬菜从土壤中汲取的养分总是相同的。如果在一块地里一直种同一种蔬菜，那它需要的养分很快就不够用了。

● 另外一个原因是，总是攻击同一种植物的病虫害会在第二年重回旧地。所以每年给蔬菜换个地方生长，可以避免它们过快遭受病虫害的侵扰。

有机农业

小菜园里种不下我们需要的所有食物，比如做面包用的小麦、榨橄榄油用的橄榄。但这些食物又对我们的身体健康至关重要。既然不可或缺，那就去买“有机”食物吧。

什么是有机食物？

有机食物，是指用最自然的方式获得的食物。种植有机食物的过程不使用任何工业化肥和化学农药，只需要土壤、水、阳光，以及一些植物制品。

- 肥料可以“帮助”植物生长。肥料有两种，一种是天然肥料（比如以荨麻为原料制成的肥料）；另一种是化肥，化肥是由大工厂生产出来的。化肥虽然能让农作物长得更快、更健壮，但想想我们吃掉这种农作物的后果吧！化肥中的一部分化学分子会融入土壤，一部分则会被我们的身体吸收。
- 化学农药可以杀灭传播疾病的生物，比如某些昆虫或真菌。但它的副作用与化肥是一样的，其中的工业化学分子，一部分会进入我们的食物当中，一部分会进入土壤当中。农药虽然会消灭害虫，但也会杀死对农作物帮助很大的益虫，比如蜜蜂。

什么是“杂草”？

如果人们认为某种野草毫无用处，就会说它是“杂草”。而我们的判断常常是错误的。事实上，很多“杂草”是可以吃的，有的味道还相当不错，比如蒲公英、繁缕、羊角芹……

有些“杂草”还能入药治病，比如荨麻、车前草、木贼……

而且这些植物的生长情况，总能显示土壤的性质、能力和缺陷。

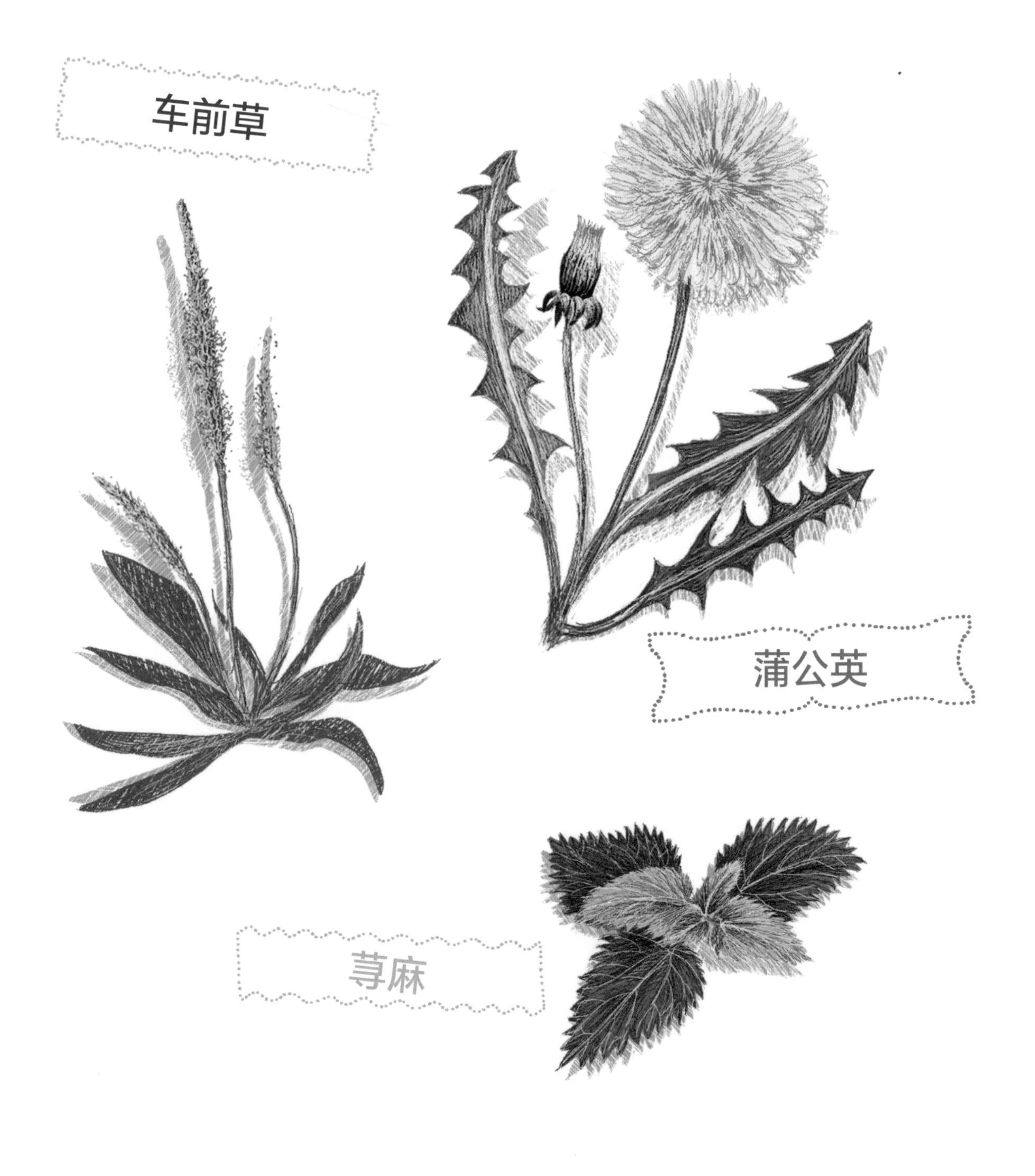

种植有机作物，你也能尽一份力！

奇迹花园

在法国塔尔纳省的奇迹花园，工作人员组织了一个以“天然菜园”为主题的大型游戏活动。参加活动的孩子们被分成几个小组，分别前往指定的工作坊：堆肥组、水组、植物制品组、温室播种组、昆虫旅馆组、野生动物藏身所组以及菜园组。孩子们很快就意识到，要想每个工作坊都能成功地完成各自的任务，并最终建成一个高效率的菜园子，各个工作坊之间必须互相配合。

因此，这项活动很快就演变成了一个大型合作游戏。菜园组的孩子们把他们那里产生的有机垃圾送到“堆肥组”，“堆肥组”把他们制作的堆肥运送到“播种组”，以此类推。通过这个游戏，孩子们认识到拥有一个生机勃勃的菜园是多么重要。菜园里的所有一切都是密不可分的，每一个部分都有意义。

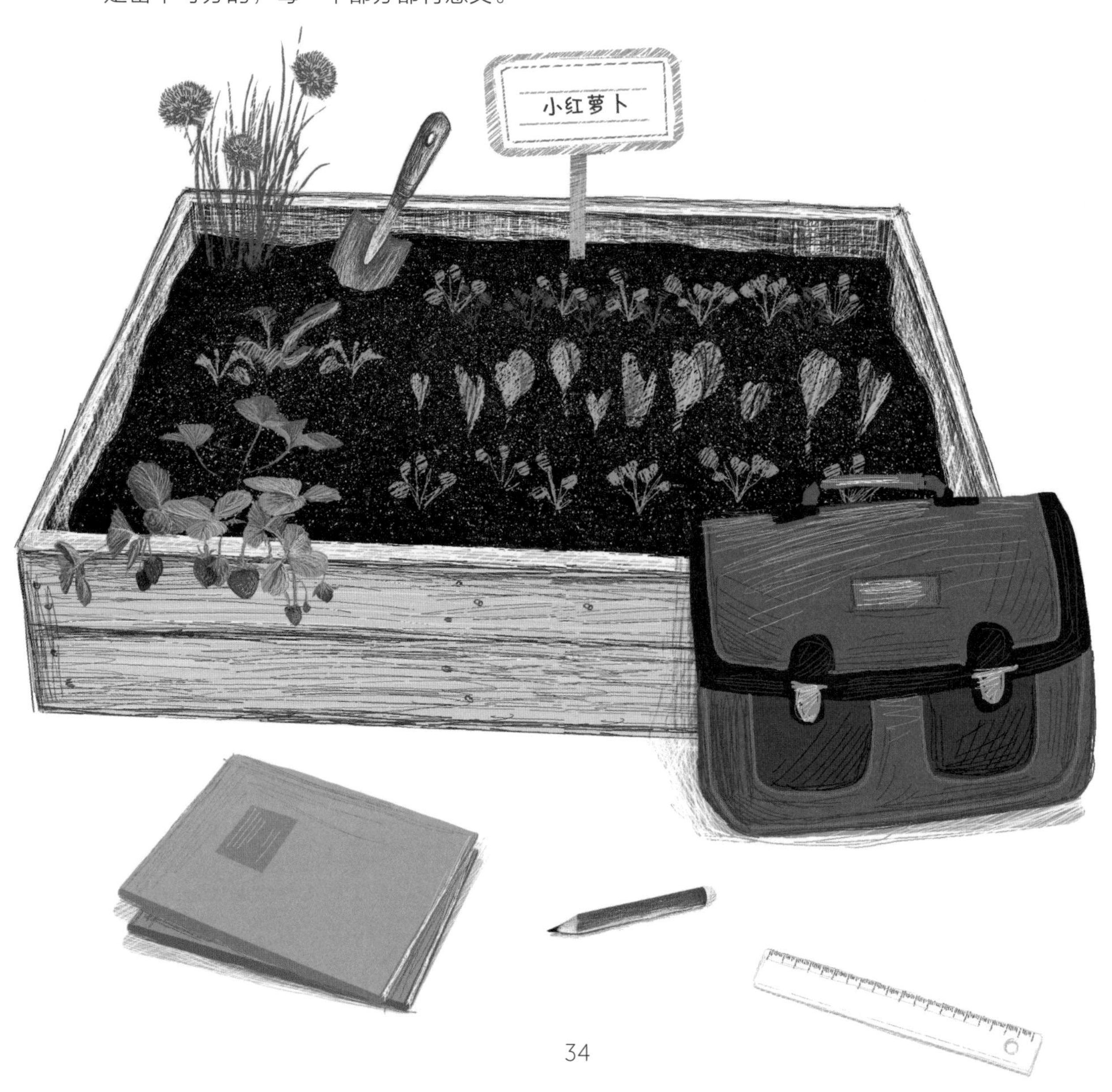

请沿虚线裁切

第6页

第20页

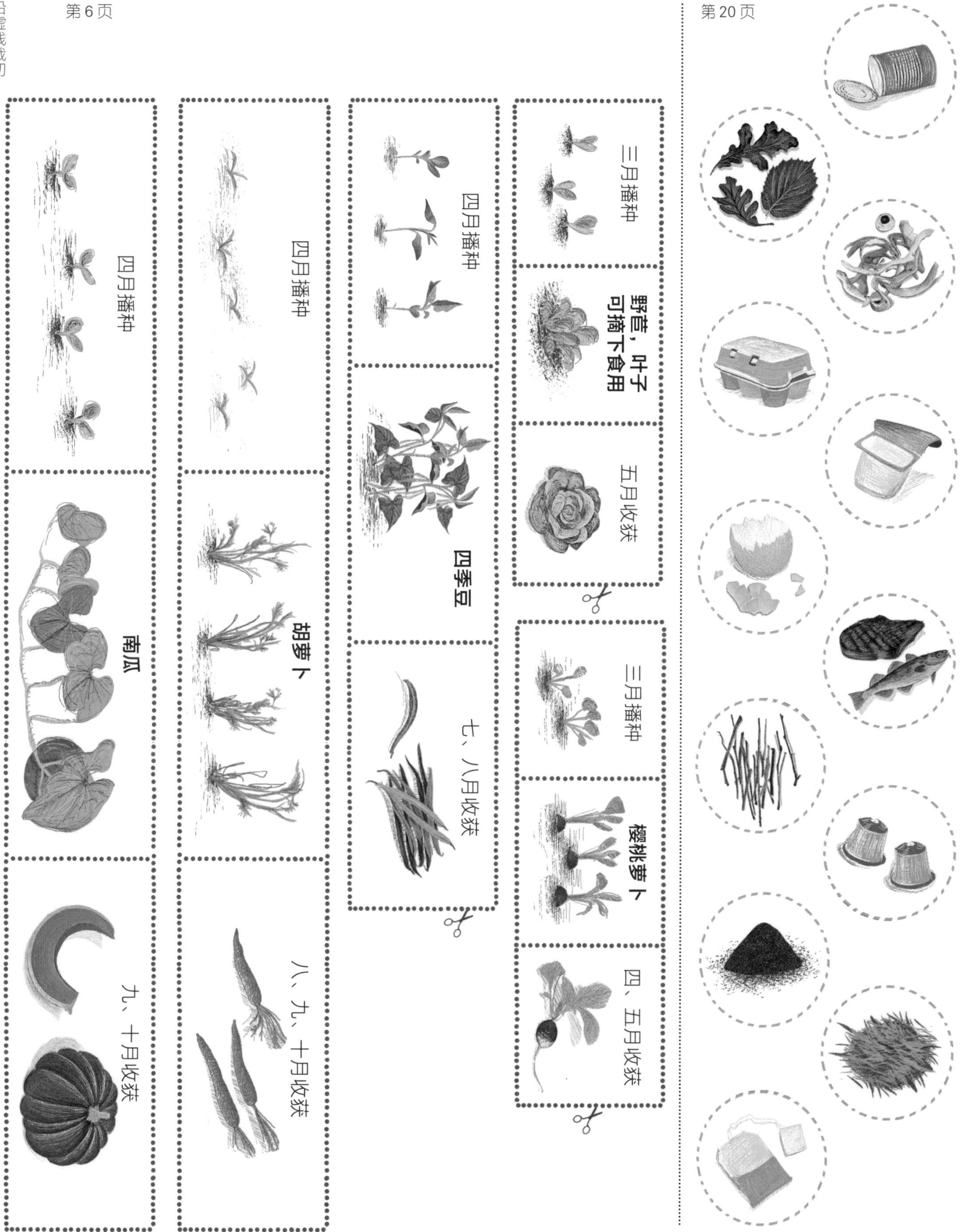

请沿虚线裁切

第10~11页

第6页

樱桃萝卜生长期：
四月～九月

胡萝卜生长期：
四月～五月～六月

生菜生长期：
五月～六月

野苣生长期：
七月～八月

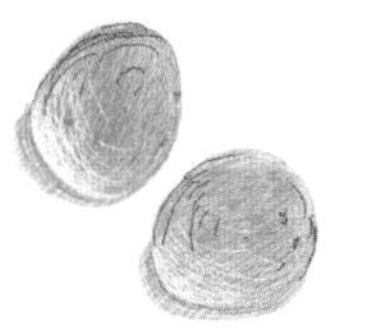

土豆生长期：
四月～五月

旱金莲生长期：
五月～六月

金盏花生长期：
五月～六月

四季豆生长期：
五月～六月～七月

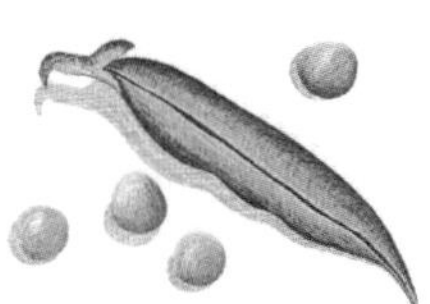

豌豆生长期：
四月～五月

西葫芦生长期：
四月～五月

南瓜生长期：
五月～六月

莙荙菜生长期：
四月～五月

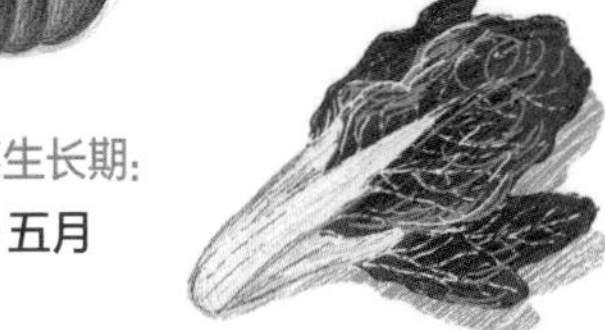

请沿虚线裁切

第 30~31 页

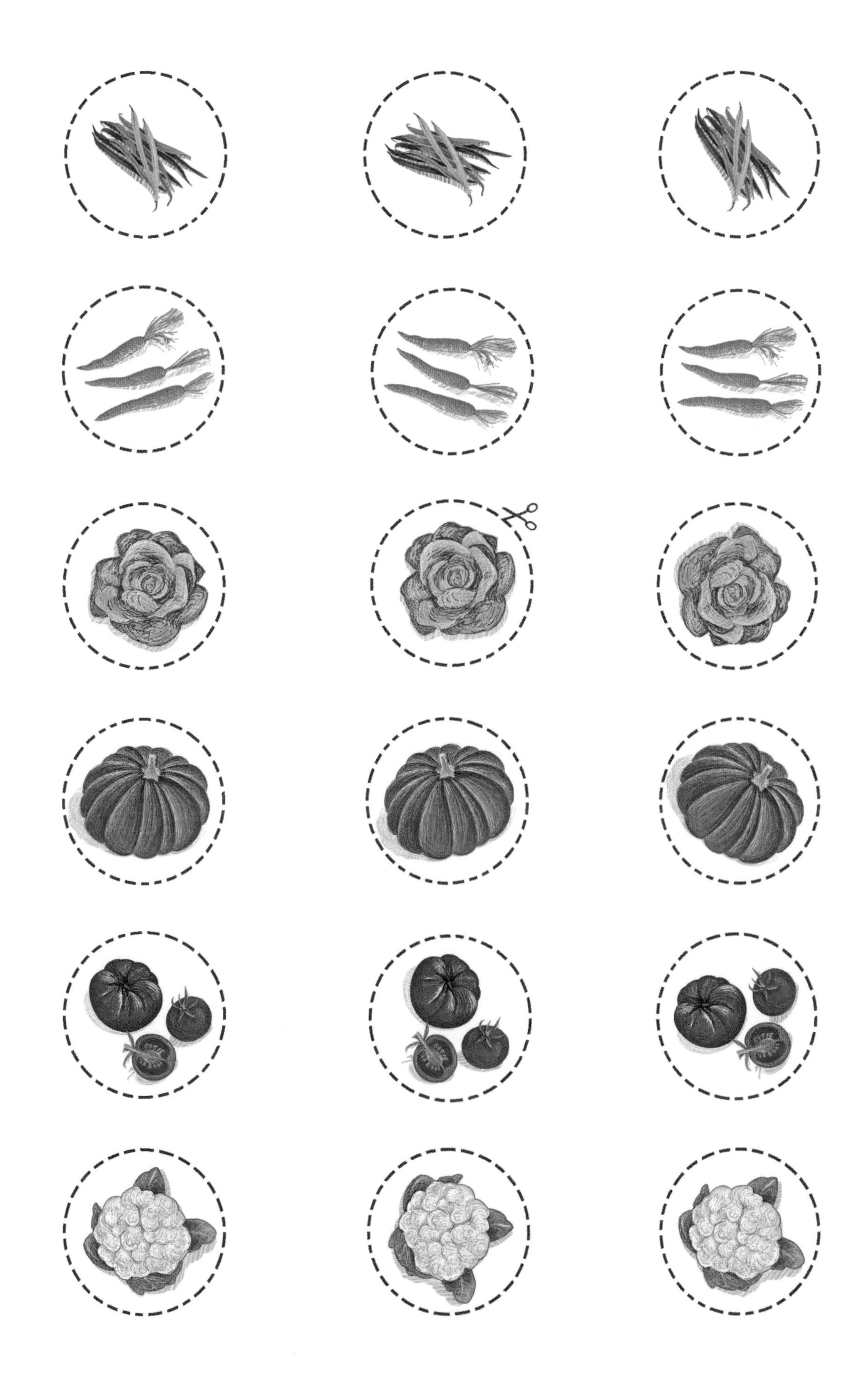

图书在版编目（CIP）数据

我的自然观察游戏书．生活篇：《小菜园》《食物与生活》/（法）菲利普·戈达尔，（法）玛丽－克里斯汀·雅克，（法）宝拉·布鲁佐尼著；（法）伊莎贝尔·辛姆莱尔绘；李璐凝译．—上海：上海社会科学院出版社，2020

ISBN 978-7-5520-3388-5

Ⅰ.①我… Ⅱ.①菲… ②玛… ③宝… ④伊… ⑤李… Ⅲ.①自然科学—少儿读物 Ⅳ.① N49

中国版本图书馆 CIP 数据核字（2020）第 234965 号

我的自然观察游戏书（生活篇）：小菜园　食物与生活

著　　者：〔法〕菲利普·戈达尔〔法〕玛丽－克里斯汀·雅克
　　　　　〔法〕宝拉·布鲁佐尼
绘　　者：〔法〕伊莎贝尔·辛姆莱尔
译　　者：李璐凝
责任编辑：赵秋蕙
特约编辑：张培培
封面设计：田　晗
出版发行：上海社会科学院出版社
　　　　　上海市顺昌路 622 号　　邮编 200025
　　　　　电话总机 021-63315947　　销售热线 021-53063735
　　　　　http://www.sassp.cn　　E-mail: sassp@sassp.cn
印　　刷：鹤山雅图仕印刷有限公司
开　　本：889 毫米 ×1194 毫米　1/16
印　　张：5.5
字　　数：32 千字
版　　次：2021 年 2 月第 1 版　2021 年 2 月第 1 次印刷

ISBN 978-7-5520-3388-5/N·009　　定价：79.80 元（全两册）